我 的 第 一 本 科 学 漫 画 书

升级版

科学实验王

KEXUE SHIYAN WANG

⑫ 压力与体积

YALI YU TIJI

[韩] 小熊工作室/著

[韩] 弘钟贤/绘

徐月珠/译

U0270814

21 二十一世纪出版社集团

21st Century Publishing Group

通过实验培养创新思考能力

少年儿童的科学教育是关系到民族兴衰的大事。教育家陶行知早就谈到："科学要从小教起。我们要造就一个科学的民族，必要在民族的嫩芽——儿童——上去加工培植。"但是现代科学教育因受升学和考试压力的影响，始终无法摆脱以死记硬背为主的架构，我们也因此在培养有创新思考能力的科学人才方面，收效不是很理想。

在这样的现实环境下，强调实验的科学漫画《科学实验王》的出现，对老师、家长和学生而言，是件令人高兴的事。

现在的科学教育强调"做科学"，注重科学实验，而科学教育也必须贴近孩子们的生活，才能培养孩子们对科学的兴趣，发展他们与生俱来的探索未知世界的好奇心。《科学实验王》这套书正是符合了现代科学教育理念的。它不仅以孩子们喜闻乐见的漫画形式向他们传递了一般科学常识，更通过实验比赛和借此成长的主角间有趣的故事情节，让孩子们在快乐中接触平时看似艰深的科学领域，进而享受其中的乐趣，乐于用科学知识解释现象，解决问题。实验用到的器材多来自孩子们的日常生活，便于操作，例如水煮蛋、生鸡蛋、签字笔、绳子等；实验内容也涵盖了日常生活中经常应用的科学常识，为中学相关内容的学习打下基础。

回想我自己的少年儿童时代，跟现在是很不一样的。我到了初中二年级才接触到物理知识，初中三年级才上化学课。真羡慕现在的孩子们，这套"科学漫画书"使他们更早地接触到科学知识，体验到动手实验的乐趣。希望孩子们能在《科学实验王》的轻松阅读中爱上科学实验，培养创新思考能力。

北京四中 物理教研组组长 物理高级教师 厉璀琳

伟大发明都来自科学实验！

所谓实验，是为了检验某种科学理论或假设而进行某种操作或进行某种活动，多指在特定条件下，通过某种操作使实验对象产生变化，观察现象，并分析其变化原因。许多科学家利用实验学习各种理论，或是将自己的假设加以证实。因此实验也常常衍生出伟大的发现和发明。

人们曾认为炼金术可以利用石头或铁等制作黄金。以发现"万有引力定律"闻名的艾萨克·牛顿（Isaac Newton）不仅是一位物理学家，也是一位炼金术士；而据说出现于"哈利·波特"系列中的尼可·勒梅（Nicholas Flamel），也是以历史上实际存在的炼金术士为原型。虽然炼金术最终还是宣告失败，但在此过程中经过无数挑战和失败所累积的知识，却进而催生了一门新的学问——化学。无论是想要验证、挑战还是推翻科学理论，都必须从实验着手。

主角范小宇是个虽然对读书和科学毫无兴趣，但在日常生活中却能不知不觉灵活运用科学理论的顽皮小学生。学校自从开设了实验社之后，便开始经历一连串的意外事件。对科学实验毫无所知的他能否克服重重困难，真正体会到科学实验的真谛，与实验社的其他成员一起，带领黎明小学实验社赢得全国大赛呢？请大家一起来体会动手做实验的乐趣吧！

目录

第一部 小宇的崭新策略 10

[实验重点] 液态氮特性、如何制作液态氧、氮循环

金头脑实验室 制作吸管喷水器，制作迷你灭火器

第二部 赤壁之战的秘密 41

[实验重点] 脑细胞与呼吸、铁的氧化反应、风的种类

金头脑实验室 改变世界的科学家——拉瓦锡

第三部 柯老师的特别训练 72

[实验重点] 不同温度下分子的运动速度变化、
查理定律、玻意耳定律

金头脑实验室 生活中常用的气体

第四部 看不见的传导 102

[实验重点] 音叉的共鸣实验、烧杯演奏

金头脑实验室 液态氮实验

第五部　**艾力克的选择**　　　140

[实验重点]　气体扩散实验、格雷厄姆定律、
酯的香味

金头脑实验室　气体的扩散速度

第六部　**空气的力量**　　　172

[实验重点]　回力棒的原理、伯努利定律

金头脑实验室　包围地球的空气，威胁地球
的大气污染

人物介绍

范小宇

所属单位: 黎明小学实验社

观察报告:

- 立志熟读最新版的《科学大百科》,以克服自身所缺乏的理论知识。
- 为了学习柯有学老师的实验秘诀,不假思索地答应接受特别训练。
- 受到艾力克在实验比赛中精彩表现的刺激,开始构思一个引人注目且深受赞赏的实验。

观察结果: 超越单纯的背诵,目前正努力学习运用知识的方法,并对空气的特性颇有心得。

江士元

所属单位: 黎明小学实验社

观察报告:

- 每当队友们因为缺乏科学常识而陷入困境时,有如天使般立刻出现,并解救他们。
- 即使得知与对手有关的惊人消息也依然面不改色,并为下一场比赛做好万全的准备。

观察结果: 个性依然沉默寡言,但开始懂得信任成长中的队友。

罗心怡

所属单位: 黎明小学实验社

观察报告:

- 对于小倩不喜欢自己这件事毫不知情,反而试着给予小倩安慰。
- 看着沮丧的小倩,回想起了过去自己靠朋友们的协助熬过危机的往事,并心存感激。
- 发现小宇经过柯有学老师的特别训练后,有了脱胎换骨的改变。

观察结果: 经过长时间的淬炼后变得更加成熟,并且如回力棒般回到比赛会场,以愉快的心情准备应战第二轮比赛。

何聪明

所属单位：黎明小学实验社

观察报告：

- 对于在比赛中因一场意外而受到打击的小倩，给予最深的关切与照顾。
- 因为答不出便条和笔记簿上没有记录的问题而感到惊慌失措。
- 通过正确的情报渠道，提前收集与比赛对手有关的传闻。

观察结果：坚守情报员不泄露秘密的原则，即使对自己的队友也不轻易泄漏与对手有关的情报。

林小倩

所属单位：黎明小学跆拳道社

观察报告：

- 在跆拳道比赛中，因为对手被自己踢倒在地而感到内疚。
- 拿自己粗鲁的个性和心怡温柔的个性做比较，并躲进更衣室。
- 听到小宇谈论与自己有关的事情而感到非常兴奋，也因此忘了自己正在躲藏。

观察结果：看着周围的好朋友们，决定不再继续逃避，并以勇敢的态度去面对逆境。

艾力克

所属单位：大星小学实验社

观察报告：

- 出身科学世家的天才儿童，深受父母亲的重视。
- 听到奶奶病危的消息后，企图借机重获柯有学老师对自己的关心。
- 借出战第二轮比赛的机会，在柯有学老师面前完整展现自己的实力。

观察结果：因为自己的请求遭到柯有学老师的拒绝而受到莫大的打击，并转变成非常冷酷的人。

❶  **❷**  **❸**

其他登场人物

❶ 拿特别的实验物品来教导小宇实验秘诀的柯有学老师。

❷ 通过拥抱和亲吻对跆拳道社和实验社展现最大支持的黎明小学校长。

❸ 喜欢自言自语的孤僻少年田在远。

幸福花店
FLOWER & ST

这是……

玫瑰天竺葵

这是奶奶的味道。

坐下

艾力克，你就跟着爸爸、妈妈回英国去吧！

你要接受适合你的教育，这样才能像你奶奶一样获得诺贝尔奖啊！

你可是背负着

维护家族名誉的重大责任呢！

哦，原来如此。好神奇哟！

……

老师，这是小学生才读的啦！

你今天不打算进行为我安排的特别训练吗？

科学大百科 小学生必备的1001种基本常识

怎么可能呢！今天还有特别的实验物品哟！

特别的实验物品？是新的化学试剂吗？如果是化学试剂，我可是很内行的，您就尽管说吧！

就是这桶里的液态氮。

我……我知道。液……液态氮就是……

将氮气降温，使其在零下196℃时变成液体，对吧？

零下196℃

没错，由于液态氮温度非常低，所以要特别小心，以免触碰到皮肤或眼睛。

哇。

液态氮实验。

咕噜

翻阅

翻阅

啊，找到了！液态氮实验！

如果把花朵放进液态氮内，花朵内的水分便会结冰，以致花朵受到一点点的撞击就会断裂。

液态氮

对，这是因为液态氮的低温能使物质瞬间冷却。

不过，我们要做的实验是……

敲桨

这里还有另外一种！

放在液态氮内的橡胶球，会因为不同于花朵的其他原因而破裂。其他原因……

液态氮

那是因为……橡胶分子的热运动减弱，转变成玻璃态[1]而变脆的缘故。

呃……

我们是用铝罐进行实验，所以……

来，你来看一下。放入液态氮的铝罐，是不是起了某种变化？

嗯？

咚！！

啊，铝罐壁结霜了！就像摆放冰激凌的冰柜玻璃表面那样！

没错，这是……

铝罐周围的水蒸气，接触低温的液态氮而凝固了！

注[1]：聚合物或高分子材料在低温时所呈现的非结晶结构。

哇！这本书里面果然都有记载呢！

书中写道：液态氮周围不但有水蒸气凝固成冰，这些冰里还混有液态氧！

液态氧？

咦，真的产生液滴了呢！

这是因为氧的凝固点为零下183℃，而液态氮的温度远低于它，空气中的氧气会在其周围液化。

呼……

好，我们就来确认一下冰晶中是否含有氧。

咔嚓

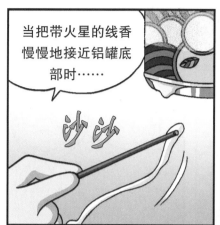

当把带火星的线香慢慢地接近铝罐底部时……

沙沙

把带火星的线香接近氧时，

翻阅

翻阅

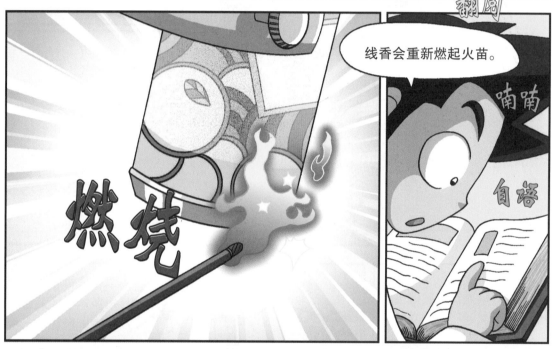

燃烧

线香会重新燃起火苗。

喃喃

自语

火苗！

呃……好可惜哟，火苗一下子就熄灭了！

在这项实验中，有一种含有这三种物质的气体，

你知道那是什么吗？

我想那本书中应该提到了。

等一下哟！

我这就把它给找出来！

翻 翻 翻 翻

老师，您说的三种物质，

不就是氮气，还有借助液态氮得到的氧气，以及……

不就是这些吗？难道还有别的吗？

氮气和氧气，

以及线香在燃烧时所产生的最后一种物质。

我知道了！二氧化碳！

含有碳的物质在燃烧时，碳和氧气相互结合，产生了二氧化碳。

没错，过去和太阳小学比赛时，你不是彻底运用过此项原理吗？

酸与大理石起反应时，就会产生二氧化碳。

对，没错！哎呀，我真是糊涂……

含有氮气、氧气，以及二氧化碳的物质……

在哪里呢？赶快出现吧！

翻阅 翻阅

就在你的身旁啊，你还没有看到吗？

身旁？

上面！

上面！

后面！

后面？呜……

咔啦啦

还是找不到吗？就是一直在你周围的

空气！

啊？您说的是空气？

23

第15届全国跆拳道大赛

哇 哇哇

是冠军战啊，太酷了！

很酷吧？
这可是靠关系争取到的好位子呢！

就算有钱也不见得能够坐到这个位子哟！

哈哈哈哈

哎呀呀呀！！

这多亏我平常做人太成功了。

你看！我们学校的队伍！

哇哇哇

29

实验1　制作吸管喷水器

虽然空气眼睛看不到、手也触碰不到，但它和液体或固体一样具有重量，也就是空气同样受到重力的作用。单位面积上向上延伸到大气上界的垂直空气柱的重量就是所谓的大气压，简称气压。在有限的空间内，空气分子越多，则气压越高；相反，空气分子越少，则气压越低。

空气的压力是否能够让液体移动呢？现在，我们就通过以下实验来探究一下。

准备物品： 可弯式吸管2根、塑料瓶、黏土、剪刀、螺丝刀

❶ 将其中一根吸管剪成较短的吸管。（请家长协助制作。）

❷ 用瓦斯炉等将螺丝刀的头部加热，在塑料瓶盖上钻两个洞，用来插入吸管。（请家长协助制作。）

❸ 将一长一短两根吸管分别插入两个洞里，并用黏土塞住空隙，以免漏气。

❹ 将水放入塑料瓶内，并旋紧瓶盖。请注意短吸管不能浸入水中。

⑤ 当用力吹短吸管时，水会由长吸管向外喷出。

这是什么原理呢？

把空气通过短吸管吹入塑料瓶时，瓶内的气压会越来越高，由于瓶子变形的空间有限，而长吸管就形成一个对外的通道，气压便把水通过长吸管向外喷。当用力吹入空气时，瓶内的气压瞬间变大，喷出强而快速的水柱；当轻轻吹入空气时，则会喷出弱而慢速的水柱。

实验2 制作迷你灭火器

空气中含有很多种具有不同特性的气体，其中氧气具有助燃性，二氧化碳则不具有助燃性也不可燃，灭火器就是利用二氧化碳的性质制成的。接下来让我们通过制作迷你灭火器，来进一步了解灭火过程中所生成的气体和其特性。

准备物品：塑料瓶 、可弯式吸管2根 、醋 、小苏打粉 、螺丝刀 、黏土 、卫生纸 、蜡烛 、火柴

① 用瓦斯炉等将螺丝刀的头部加热，在塑料瓶盖上钻洞。（请家长协助制作。）

② 将吸管穿过瓶盖上的洞，并用黏土塞住空隙，以避免漏气。

❸ 在塑料瓶内倒入适量的醋，并在卫生纸上倒入微量的小苏打粉，然后将卫生纸包成可塞入塑料瓶的大小。

❹ 将蜡烛点燃。

❺ 将用卫生纸包住的小苏打粉放入塑料瓶内，并立即旋紧塑料瓶的瓶盖。

❻ 当把吸管口朝向蜡烛时，蜡烛的火焰便会熄灭。

这是什么原理呢？

　　我们都知道燃烧的三个要素分别为助燃物、可燃物以及燃点以上的温度，而且缺一不可。

　　塑料瓶内的小苏打粉和醋相遇时会生成二氧化碳，二氧化碳通过吸管向外排出，阻隔蜡烛周围的氧气，由于失去助燃物，蜡烛的火焰便因此熄灭。

第二部

赤壁之战的秘密

她应该不会有事吧？

没有外伤应该不会有事的。

对啊！

错了，呼吸障碍的危险性远超过单纯的外伤。

尤其是脑细胞，只要缺氧超过30秒，就会开始死亡。

啊？脑细胞会死亡？

为什么？

那……那是因为人类

需要呼吸才能活下去啊！

翻阅翻阅

这我们也知道啊！

但脑细胞为何会死亡呢？

是人都会呼吸呀！

那是因为……

有了。我们人呼吸就是吸入氧气、吐出二氧化碳。

二氧化碳 氧气

吸入体内的氧气会经肺部进入体内的血液中，然后输送至全身的细胞，以供产生能量。但是一旦无法呼吸……

二氧化碳

氧气

红血球

微血管

43

你们不觉得林小倩太可怕了吗？

怎么可以在比赛中下手那么重呢？

这样以后谁还敢参加比赛呢？

她是打算在比赛中要人命吗？

呃……

怎么会有这种女孩子呢？

以后若是再遇到她，我们就无条件弃权。

住口啊！

林小倩

都听到了！

47

脚步
沉重

准备判定了。

不会有事的，反正又不是小倩的错。

红队！
胜！

沙

那就是终场我们以3比2的比分，

夺得了团体赛的冠军！

点头

哇啊啊啊

恭喜啊！
孩子们！

哇哇！

48

50

奇怪了，您用这块废铁……

不对，拿这辆自行车是要做什么呢？

这和实验秘诀又有什么关系？

秘诀就藏在这辆自行车里面。

啊？

我就说嘛，笨蛋永远都是个笨蛋。

老师，不好意思，请问，您在做什么？

您就别再开玩笑了嘛！

您就直截了当地把秘诀传授给我嘛！

好吗？

呃……

停……

停手！停手啊！

您灌入太多空气了。

怎么会呢？当轮胎内的空气不足时，自行车的速度会变慢，接触地面的面积也会加大，导致轮胎的寿命缩短！

所以我们要灌入满满的空气啊！

这样就够了！后面的让我来吧！

如果灌入太多的空气，自行车在行进时会跳得像弹簧一样高！

您知不知道那样屁股有多痛啊！

还有，一旦轮胎的胎压过高，也很容易造成爆胎的。 所以过与不及都不对，要刚刚好才行！

好了！就像这样。

挤压！

这样啊……

你怎么会了解这些呢？我是指适当的轮胎压力。

咦？

轮胎的压力跟空气的体积变化有关。

在相同温度下，定量气体的体积跟压力成反比！

针筒

空气

挤压！

通过压缩

体积会变小。

液体则不同，再怎么压缩针筒里的水，体积都几乎不变。

水

针筒

挤压！

挤压！

体积不会变小。

所以，要测定气体的压力，就需要一台很精密的机械呢！

呜哇!

咳咳! 好脏哟!

你干吗突然扑过来? 我不过是在帮你擦亮它嘛!

这样会……

你该不会不信任我吧?

难道你忘了我学过的东西比你吃过的东西还多吗?

是……

有道理, 老师一定会比我更加了解才对!

那我要继续啰?

呃!

可是自行车一旦碰到水就会……

开启

拿起

老师，您就让我来吧！

再怎么说，
我都比您更了
解我的车。

嗯？

这辆自行车
是一位阿伯
正打算要卖
给回收场时，

我用帮他
打工一个
星期为条
件换来的。

沙

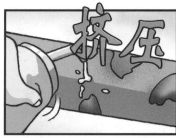

挤压

擦
擦

当时的状况当然
比现在还糟糕。

这辆自行车可是
跟我一样老旧哟！

不，它还很
新啊！

亮晶晶

那就是氧化反应。

对，没错。氧化反……

氧化反应？

对，某种物质与氧结合的反应，

就称为氧化反应。

碳　氧气

C ＋ O O

氧化反应

O C O

二氧化碳

就像铁遇到氧气会成为氧化铁，但是铁生锈必须同时存在氧和水才行。

这是因为在潮湿的空气中，铁更容易形成水合氧化物，也就是俗称的铁锈。

啊！那在自行车表面涂上一层油的目的，就是防水啰？

亮晶晶

亮晶晶

因为铁锈的质地疏松，造成内部的铁变得更容易生锈。

因为水和油是不会混在一起的嘛！

太酷了！真没想到当时的诸葛亮竟然已经了解了地球的自转！

不，诸葛亮并不是了解了地球的自转或信风的原理。

他只是非常熟悉那个地区的风向变化罢了。

也就是说，懂得把周期性的风向变化应用于战争上，进而获得胜利。

如果诸葛亮只满足于习得单纯的知识却不懂得运用，就算他再熟悉气象[1]的变化，也无法合理运用在战争上。

这就是科学家们的

实验秘诀！

这就是……秘诀？

注[1]："气候"是长期的天气状况，"气象"是短期的天气状况。赤壁地区的周期性风向变化，周期5~7天，属于短期的气象。

我第一次见到你的时候，你也是像现在这样拿着油涂抹在自行车上。

咦？

当时我一眼就看出来

你比任何人都具有科学与实验方面的才能。

那是出自你的内心，而非在书本里。

内心？

真正的知识出自人的内心。

就像空气一样一直存在，不过却很难感觉到。

内心

我看不到。

知识

你在哪里？

空气

啊，摸到了。

哈哈哈

呃啊

呵呵……

简直是在……

老师也真是的，那家伙怎么可能听得懂您讲的这些话嘛！

浪费时间！

喂，艾力克同学，你怎么还待在这里？

我不是叫你去校长室吗？听说你父母亲有要紧事要找你呀！

呃，我在路上刚好遇到一个朋友。

算了算了，你跟我来！你这个人可真是让人急死了。

呃，阿伯……

哒哒哒 哒哒哒

咔

Here he comes! Please wait.
（他来了！请等一下！）

呼，你父母亲已经打过很多次电话了。

……

Hello?（喂？）

那家伙刚才到底跑到哪里去了？

我也不知道呀！

改变世界的科学家——拉瓦锡

安托万·洛朗·德·拉瓦锡（Antoine Laurent de Lavoisier）生于巴黎，他对化学的第一个贡献便是用实验证明了"质量守恒定律"。

拉瓦锡所采用的实验方法，主要是先用硫酸和石灰合成石膏，再将石膏加热，石膏释放出了水蒸气，拉瓦锡用天平仔细称量不同温度下失去水蒸气的石膏的质量。最后，他倡导并改进定量分析方法，验证了"质量守恒定律"，并将此定律作为他后来用科学实验验证其他理论的基础。

燃烧原理是他对化学研究的第二大贡献。1772年，拉瓦锡开始研究硫、磷及金属的燃烧问题，最终证明物质燃烧和动物的呼吸都属于空气中氧所参与的氧化作用，并据此驳斥当时的"燃素说"。

拉瓦锡首次拟订了化合物的合理命名法，并用于1789年写成的《化学基本论述》。他所提出的新观念、新理论、新思想，为近代化学的发展奠定了重要的基础，因而后人称拉瓦锡为近代化学之父。在法国大革命期间，拉瓦锡不幸因其税务官的身份被处决。

拉瓦锡（1743 — 1794）
奠定了近代化学的基础，对于将化学融入科学领域中有莫大的贡献。

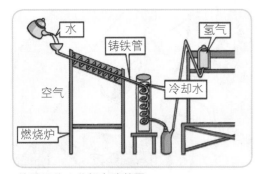

拉瓦锡的水分解实验装置
将长长的铸铁管穿过燃烧炉内加热，水通过铸铁管时，从水分解出来的氧气便会与铸铁管的铁相互结合，而氢气则通过冷却水冷却后聚集起来。

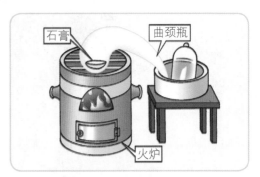

拉瓦锡的燃烧实验装置
他将石膏放置于密封的烧瓶内加热，然后比较加热前后的质量，发现石膏中所减少的结晶水质量与增加的生成物质量相同，证明了"质量守恒定律"。

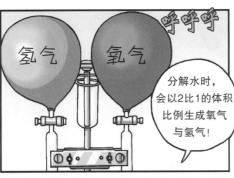

分解水时，会以2比1的体积比例生成氧气与氢气！

您是打算用从水中取得的氢气来制造能量，对吧？

对！只要有了氢气，就能制造出不会污染空气的能量！

这可是一项

伟大的发明啊！

头晕

呃，博士！您千万不可以吸入氢气呀！

我们呼吸只需要一种气体，就是氧气。

虽然也有对人体无害的气体，例如氮或氩，

但仍然有很多一旦吸入体内就会呼吸困难或威胁生命的有毒气体。

通过专业器材或实验所生成的氢气虽然不具有毒性，但由于它的密度小且移动速度快，很容易造成周围空气的氧浓度降低，使人呼吸困难，同时它遇到火花或火苗会引起爆炸。

氢气

哎呀！

再者，常用于漂白、杀菌等的氯属于剧毒性气体，即使是微量也足以刺激眼睛、鼻子或肺等部位。此外，当氯与水相遇时，便会生成强酸，因此它与我们体内的水分相结合，就会对人体造成极大的伤害。

嗖嗖！

使用此类气体进行实验时，应注意室内的通风；若不慎吸入有毒气体，应立即走出户外，并前往医院就医。

第三部

柯老师的特别训练

第15届全国跆拳道大赛

公布栏

团体赛
冠军
黎明小学
亚军
云山小学

女生更衣室

哎呀……

明天就要进行个人赛了……

咔嚓

啊，对哟！

你的对手是林小倩，对吧？

啊？真的吗？林小倩不就是昨天那个……

把对手打到差一点变成植物人的狠角色吗！你这下该怎么办啊？

声泪俱下

我不要！我已经怕得要死了！

74

当然不能比！就连男孩子都会怕得要死呢！

没错，她简直就是个怪物！

毛骨悚然

像她那种怪物要……

惊吓

呃。

啊！

呜。

呼鸣

哇啊啊

妈呀！

说我是个怪物……

逃命啊！

嗒嗒嗒

75

由于死亡的脑细胞无法再生，所以甚至可能会陷入脑死亡状态。

没错，是我用这只脚……

我不要！

换作我是小宇……

不可能会喜欢上我这种像怪物的女孩子！

气馁

77

小倩在那里吗？

对啊！她一个人像鬼似的蹲在墙角呢！

说不定已经离开了呢！她那个人总是神出鬼没的。

社长，我去把小倩给带回来！

啊？

喂喂，你要去哪里呀？那里可是女生更衣室，你以为你能进去吗？

欲哭无泪

挣扎

挣扎

挣扎

那要怎么办？

你忍心让小倩继续感到自责吗？

可……可是……

79

那……
那么……

我去看一下好了。

啊？

……

啊？你……
你不……

不行！

好，这是个好主意！
也只能靠心怡了，
你赶快去吧！

哼！

话是没错……

但……如果有任何不对劲，你就马上出来！

不情愿！！

那我要进去了。

小宇所喜欢的……心怡！

看到她，小倩会感到更加难过的……

你说什么？

呃……

对哟！

转身

你想一个人静一静，是吧？那种感觉……

我也了解。

你懂什么啊？你长得既漂亮又有气质，再加上小宇又很关心你……

哼

前阵子我也遇到和你类似的遭遇，因而选择躲避朋友。

那不仅是因为对朋友们感到很抱歉……

呃

泪汪汪……

更是因为讨厌我自己。

咦？你也会有讨厌自己的时候？

看到朋友们的脸孔时，我就会情不自禁地回想起我所讨厌的自己，

若不想搞砸，就给我勤做练习。

别担心，我们没事！

都是因为你。

……

我害怕朋友们看着我的眼神。

你没事吧？

女怪物！好可怕哟！

啊？人被送到医院去了？

但我后来发现，朋友们并不是只看见我那愚蠢的模样。

他们所记得的，是我平常好的一面，而不是我所犯下的错误。

……

如果我继续选择封闭自己，我将会有很长一段时间只看到我所讨厌的自己。

83

......

对不起，可能是因为小宇常常提到你的事情，

所以我也就把你当成了我的好朋友。

天啊，我也真是的，不知不觉透露出我的隐私了！

真……真的吗？小宇他提到过我吗？

小倩，你没事吧……

呜啊啊！

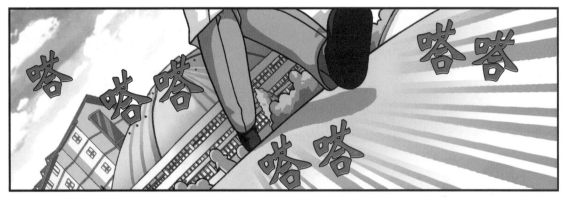

奶奶！

你等我……你还不可以离开我！

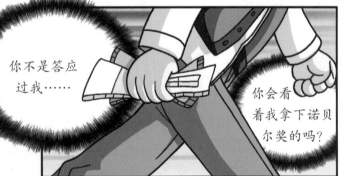

你不是答应过我……

你会看着我拿下诺贝尔奖的吗？

请你等到我回去的那一天！

这也就是你派柯有学老师来教导我的原因！所以拜托你……

哈……
哈……

老师他一定也会
吓一跳的……

听到这个消息，
他应该会立刻陪我
回英国吧？

到时候我会留住他！
就如奶奶所愿，
我一定会的……

93

膨胀

啊，老师您看！
我说得没错吧？

你预测得非常正确。

那么，

如果把
这个烧瓶

拿起

放入冰块中，
它又会怎么样呢？

咔啦啦

随着温度的下降，气体分子的运动速度也会随之减弱，所以气球当然是……

噗！会变成这样啰！

这虽然是连现在的你也能了解的知识，

但为了发现肉眼看不见的气体性质，科学家们可是经过长期不断的努力哟！

玻意耳　查理

尤其是玻意耳和查理，他们是发现气体的体积具有不同性质的科学家。

玻意耳和查理？

在一定压力下，一定量气体的体积与绝对温度成正比，这就是查理定律。

这就是我们刚才所做的实验啰？

温度升高时

体积也会增加

温度和体积之间的关系

另外，在定温的情况下，气体的体积与压力成反比！这就是玻意耳定律。

压力升高时

体积会减少

气体压力与体积之间的关系

呃？那么……

这和在自行车轮胎里灌入空气时用的打气筒是相同的原理吗？

利用压力灌入空气……不一样吗？

呃！

原来如此！打气筒是利用高压……

来减少空气的体积！

压力

空气

因而可以在有限的空间内灌入很多的空气，

使轮胎内的空气压力变大，让骑乘变得更加轻松！

膨胀

啪

高气压

我终于发现了！气体分子数目增加时，轮胎内部的压力……

就会随之增高！

拿天气来比喻的话，轮胎内部是高气压，外部是低气压？

锵！

小宇啊！

磨蹭磨蹭

一点都没错！你终于懂得把实验和理论乃至于生活，完美地结合在一起了呢！

理论还不行啦！我连查理和玻意耳是谁都还搞不清楚呢！

抓

这你就错了。

丁零 丁零 丁零 丁零

97

生活中常用的气体

空气在我们的生活中扮演着非常重要的角色。空气虽然到处都有，我们却很难感觉到它的存在，因为它既无色又无臭无味。由于科技的进步，空气中的各种气体成分的性质也逐渐为人们所了解，并被广泛应用于我们的日常生活中。

饼干包装袋内的氮气

饼干包装袋内通常灌入氮气。由于氮气的稳定性比较高，不容易和其他气体或物质结合，因此把氮气灌入饼干包装袋内，不仅可有效达到防止饼干破碎的效果，同时也能让饼干长久维持酥脆的口感。如果在饼干包装袋内灌入活性大的气体（例如氧气），则会促使氧气与饼干的成分相互结合，致使口味和香味产生变化。除了氮气，空气中当然还有其他具有高稳定性的气体，如氩气、氖气、氦气等，但这些气体在空气中的含量非常稀少，也不容易取得，因此才会使用空气中含量比较高的氮气。

TIP 二氧化碳的广泛运用

二氧化碳的固体、液体、气体等各种形态在我们日常生活中应用都很广泛。以其中最具代表性的灭火器为例，它是利用气体二氧化碳比空气密度大的性质，阻隔火焰周围的氧气，以达到灭火的目的。而固态的二氧化碳——干冰在常压下会升华，升华过程中会吸收大量的热，因此干冰可急速将食品冷冻。

另外，将二氧化碳加压溶解于饮料中，二氧化碳和水结合会形成碳酸，就是我们所熟悉的汽水，所以汽水又称为碳酸饮料。喝碳酸饮料时，口中之所以会有一种刺激的感觉，是因为当溶解于水中的二氧化碳遇到饮料罐外的低压和高温时，会因溶解度降低而变回气态，进而刺激口腔。

白炽灯泡中的氩气

　　白炽灯泡由供电流通过的钨丝、包覆的玻璃，以及填充于玻璃内的氩气组成。发光的钨丝一旦遇到空气中的氧气，便会马上烧断。填充的氩气是比氮气更稳定的惰性气体，非常不容易与其他物质相互结合，所以能够让灯泡长时间维持发光。

气球中的氦气

　　为什么直接用嘴吹大的气球不会飘浮在空中，而在儿童乐园贩卖的气球却会飘浮呢？其原因在于用嘴吹大的气球中含有比空气密度大的二氧化碳；但在贩卖的气球中，则灌满了比空气密度小的氦气。氦气的密度非常小，只比氢气大一些，但是氢气具有爆炸危险性而氦气没有，因而氦气被广泛使用于各种领域。

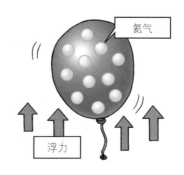

　　氦气又称为"变声气体"，因为氦气的密度是空气的七分之一，声音传播时的速度跟介质的密度有关，速度又会影响声音的频率，不同频率代表了不同的音调。所以在吸入氦气后，会发出比原本音调高十二度的声音。（吸入纯的氦气会有窒息的危险，宜采用混有21％氧气的氦气来进行实验。）

潜水员的氧气瓶

　　为了潜入深海进行探索或长时间待在水中进行作业，潜水员通常都会配备氧气瓶。然而，这种氧气瓶内并非只灌满呼吸所需的氧气，同时也添加了氮气或氦气，以调节氧气的浓度。因为虽然氧气是人类生存不可或缺的，但不慎吸入过量时，可能会导致氧中毒。

©Shutterstock

在水中保持静止状态的潜水员
氧气瓶内的氮气会随着氧气一起被潜水员吸入，并溶解于血液中。若是在这个状态下马上浮出水面，可能会罹患潜水病。因此准备浮出水面前，潜水员通常会在水深约5米处保持5～10分钟静止不动的状态，以排出血液中的氮气。

第四部

看不见的传导

老师，刚才是艾力克打来的吗？

对。

点头

对了！听说艾力克今天下午要参加第二轮比赛。

他该不会是打来邀您去看他的比赛吧？

顿住

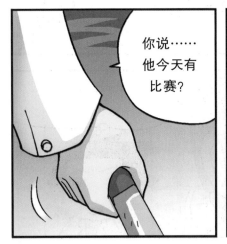

你说……他今天有比赛？

呃，您不知道吗？

嗯……

108

109

110

绝不能半途而废，这可是身为老师首先要坚持的原则。

而我的老师，她比谁都清楚这一点。

……

你也……赶快回去办事吧！

走吧！

小宇。

紧抓

对！没错！一定是输不起的对手把他给绑架了！

你们到底是谁？

我猜艾力克现在被关在某处，正等着我们去救他出来。

啊啊

开门啊！我要去参加实验比赛啦！

真是的！你这是什么话呀？

没有正当理由却缺席的选手，

会被取消资格。

大星小学，现在要进场了！

休息室

咔嚓

嚓

东张西望

……

东张西望

他是不可能在比赛现场的。

你……你是指谁啊？

您就别装了，您不是在找艾力克吗？

心虚

没错。我表现得这么明显吗？

嗯哼！

太明显了！

117

让他感到后悔莫及！

咚

呃，艾力克！你是逃出来的吗？

你在干吗？为什么到现在才出现？

你差点就被取消资格了！

耶，好厉害哟！你到底是被谁绑架的？

对不起，我迟到了。

发飙！

121

热的传播也是看不到的。

就像热空气或冷空气的流动啊！

冷空气

热空气

还有光！光虽然也持续在传播，

γ射线
X射线
可见光
红外线

但能够用肉眼看到的只有可见光，除此之外的光都是以无法用肉眼看到的方式传播！

点头

你认为它们的共同点是什么呢？

咦？共同点吗？

电子在振动时，由于阻抗会产生热能。

所以光也会产生热吗？

嗯……不对，因为萤火虫的光并不会热……

他好像也是实验社的！

就是啊，懂得还不少呢！

窃窃私语

啊！

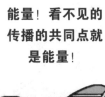

能量！看不见的传播的共同点就是能量！

123

橡胶槌

噼......

咚

①440Hz   ②440Hz

注[1]：赫兹，表示单位时间内所产生的振动次数，是国际通用的频率单位。

这就是共鸣。

咦？您是说"孔明"吗？

当声波从第一个音叉传播至第二个音叉时，这个音叉也会随之产生振动而发出声音，这种现象称为共鸣。

振动可以让任何物体发出声音吗？

❶440Hz

440Hz

❷440Hz

❶ ❷

当第一个音叉的振动借助空气

传播到具有相同振动频率的第二个音叉时，

便会一起振动，并发出更大的声音。

并非如此，这是有条件的。

咦？哪一种……

咚

翁翁翁

❶440Hz

翁翁
翁翁

安静······

③ 442Hz

压······

嘟

起身

咦？那个明明也是音叉，可是却没有发出声音！

你看清楚。

那是因为第三个音叉的振动频率和第一个不同。

振动频率相同才会产生共鸣现象。

每秒振动440次

每秒振动442次

①440Hz

③442Hz

您是说就算形状或材质相同，但振动频率不同，也不会产生共鸣啰？

那么，只要振动频率相同，任何物体都会产生共振现象吗？

翁翁
翁

咔

440Hz

440Hz

翁翁翁

正是!

真的吗?

建造于美国塔科马海峡的悬吊桥,原本是一座不怕台风吹毁的桥梁,

但某一天却与一阵相同频率的风产生了共振,结果拦腰折断了。

沙沙作响

咔咔咔咔

咔咔咔咔

原来频率相同就会产生共振,而频率听得到的就是共鸣!

没错,譬如共振式喇叭或激光装置,乃至核磁共振成像(MRI),

都是利用共振现象的装置。

等等!那刚才提到的热、电、光也是……

抖抖抖抖抖

可以运用在这么多领域啊?

128

啊！码头小学的实验似乎还没结束呢！

他们在数个烧杯内分别装入不同量的水，并正在敲击。

那是……

看起来就像玻璃杯演奏时那样在调音呢！

是的。这是以水量多少制造出不同音调的做法，

也就是凭借改变固有频率来进行演奏的原理。

低音

高音

每秒的振动频率变多

这么说，

他们打算用那些玻璃杯乐器做什么样的实验？

锵……………

锵………

132

液态氮实验

实验报告	
实验主题	观察沸点为零下196℃的氮气呈液态时的性质。
准备物品	❶ 泡沫塑料箱　❷ 液态氮　❸ 气球　❹ 保护手套 ❺ 橡胶球　❻ 玫瑰花（1朵）　❼ 夹子 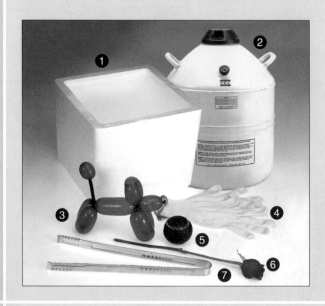
实验预期	由于液态氮的温度非常低，因而会使物质呈现急速冷冻状态。
注意事项	❶ 为了安全起见，进行实验时请务必戴上保护手套，以避免皮肤误触液态氮而冻伤。 ❷ 为避免液态氮在常温下汽化，请务必将之装在特殊容器内保存。 ❸ 请勿将液态氮倒入泡沫塑料箱或特殊容器以外的其他容器，如烧瓶等，以避免容器产生破裂。

实验方法

❶ 请先戴上保护手套，接着将装在特殊容器内的液态氮倒入泡沫塑料箱内（约三分之一满）。

❷ 先用夹子夹住橡胶球，接着将它浸泡在泡沫塑料箱内的液态氮中，数秒钟后取出，并将它丢在地板上。

❸ 将玫瑰花浸泡在液态氮中，数秒钟后取出，并将它丢在地板上。

❹ 将气球浸泡在液态氮中，数秒钟后取出，并观察它的变化情况。

实验结果

橡胶球	橡胶球失去了原本具有的超强弹力，丢在地板上后便破裂了。	
玫瑰花	玫瑰花呈结冰状态，丢在地板上后，花瓣随即碎裂了。	
气球	当把气球浸泡在液态氮内时，气球呈现快速萎缩状态，但取出后，气球马上又恢复原状了。	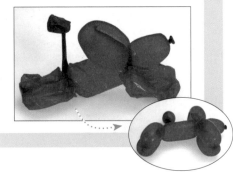

这是什么原理呢？

　　氮气能够保持液态，是因为它处在低于沸点（零下196℃）的温度下。将橡胶球浸泡于液态氮内时，橡胶分子的运动会减慢，使橡胶球失去原有的弹性，掉落在地板上时会因为无法承受撞击力而破裂。玫瑰花处于低温状态时，内部的水分会凝固而使花瓣变硬，因而掉落在地板上时会因无法承受撞击力而碎裂。气球会萎缩，是因为气球内气体受到液态氮的低温影响，气体的分子运动速度变慢，造成气压变小，连带使气体体积缩小；相反，从液态氮中取出气球后，其分子运动又变得活跃，因而得以恢复为原来的体积。

我的又一项新发明！具芳香功能的电视！

从花香到水果香，应有尽有！

你可以闻到电视画面中的所有气味哟！

您终于发明一项能用的东西！

我迫不及待想要体验呀！

按

咚咚

杰克，别忘了今晚的决斗。

咳咳！您怎么连烟味都加进去了呢？

我不是说过应有尽有的吗……

我们在日常生活中，常常会受到各种气味所带来的危害，其中会对人体造成极大伤害的，莫过于令人闻之色变的二手烟。

间接吸入的二手烟中，含有比直接吸烟时多出四倍的一氧化碳，尼古丁和焦油的含量也分别超过两倍及三倍。除此之外，二手烟也会产生4000多种化学物质，给没有吸烟的人带来更大的伤害。

一氧化碳具有强氧化性。若不慎吸入，便会进入血液中与血红素结合，可能导致窒息或晕眩。

尼古丁作用于神经系统，导致产生幻觉等症状，同时会有上瘾的危害。

砷
作为农药或杀虫剂使用。

甲醛
作为防腐剂使用。

焦油
含有2000多种毒性化学物质和致癌物质。

研究结果显示，长期吸入二手烟的人，罹患肺癌或心脏病的概率高于直接吸烟的人，同时也有可能引发发育迟缓、智力减退、慢性气管炎、肺炎、重听、气喘等症状。

第五部

艾力克的选择

好，现在就来！

143

BTB指示剂不是用来

检测酸性和碱性的吗？

嗯，对。

跟其他的指示剂不同，那种指示剂可同时检测酸性与碱性，并且会呈现出不同的颜色。

呼

酸性呈现黄色

中性呈现绿色

碱性呈现蓝色

啊哈！

好无聊哟！这个实验简直太令人失望了。

打哈欠

他到底要滴到什么时候啊？

那里总共有96个凹槽，应该会滴满94个才对。

咦？96个凹槽中滴满94个？

那剩下的2个呢？

浓盐酸

滴

咦？

注[1]：气态的氯化氢溶于水而成的水溶液，属于强酸。

注[2]：氨溶于水而成的水溶液，属于碱性，带有刺鼻的味道。

146

啊，大星小学已在全部凹槽内填满溶液，并盖上盖子。这样空气会在

挖有96个凹槽的底盘和盖子之间流通。势必会让BTB指示剂受到酸性和碱性的影响吧？

啊！也就是说，BTB指示剂会随着邻近溶液是酸性或碱性

而改变颜色啰？

是的，因为液态分子会通过蒸发作用变成气态分子。

这就是扩散作用。从浓度高的地方流向浓度低的地方。

当对角线两端的盐酸和氨水蒸发后，该部位的气体浓度会变高，

扩散

浓度高的气体会流向浓度低的地方。

没错，这就如同香味分子扩散的原理！

也就是说，"液态成分可用气态模式传播"，是这个实验的主题吗？

唉，这未免太单调了吧……

哼

什么？单调？

对啊！实验结果不会出乎我意料！

嗯哼

我来说明给你们听吧，哼哼。

竖耳

竖耳

场……
场内……

突然产生了骚动。

艾力克！你好差劲哟！

同学！你给我坐下！

安静！

该不会就像那位同学所言，实验出了问题吧？

不是。

哈哈

这是一项呈现"格雷厄姆定律"的实验。

啊！格雷厄姆定律不就是与气体扩散速度有关的实验吗？

是的，这是有关扩散速度依气体的分子量产生变化的实验。

呃，这么说……

现在的这个结果是正常的了。

东望望

这家伙躲到哪里去了？

西望望

非常成功。

你应该知道气体也有质量吧?

咦?

那是……

空气

气体也有质量?该不会……

呃,对。那实验……

就是把一个灌入二氧化碳的气球和一个灌入等体积空气的气球,同时放在天平上来比较的实验。

CO₂ air

结果显示,二氧化碳的那边比较重。

什么?

那是真的吗?

表示二氧化碳的质量比较大吗?

失望

你不是实验社成员吗?

对，因为气体分子也是由原子组成，所以随着原子的种类与数量不同，每一种气体的分子量[1]也会不同。

而扩散速度的快慢取决于它的分子量大小。

你认为哪一边的速度会更快呢？

大的一边和小的一边……

要达到快速扩散质量就要……

大的？小的？概率是各一半！

小的……不对，是大的……

随着气体传播？假如那气体是风的话……

没错！假如在吹起强风的地方……

喃喃

放置一个装满纸张的箱子

和一个空箱子，

小的那个！因为它比较轻，

所以会比较容易随风飘走！

注[1]：分子量是组成分子的所有原子的原子量的总和。

153

155

他们正把实验开始时加热的圆底烧瓶用冰块进行冷却！

啊！

呃，是的……我们来仔细观察一下这些药品！

把乙酸和不同种类的醇长时间加热……

啊！

这是酯化反应啊！

咦？酯化……

实验不是结束了吗？

根据这种预期结果进行实验，则意味着不仅

正确了解香味的理论，

同时也清楚了解酯化反应的方程式吧？

如果把酯化反应的化学方程式记入报告书内……

太惊人了。

一个小学生竟然了解这种理论？

点头

哗啊啊

香味……

164

165

166

气体的扩散速度

	实验报告
实验主题	气体在空气中会进行扩散。 扩散速度的快慢取决于气体分子量的大小，我们可以通过两种不同物质来确认气体扩散速度的差异。
准备物品	❶BTB指示剂　❷浓氨水　❸浓盐酸　❹96孔盘 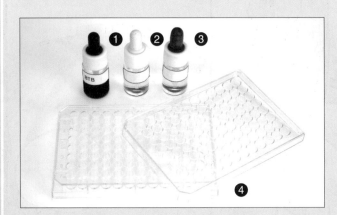
实验预期	可通过在酸性、碱性、中性溶液中分别呈现不同颜色的BTB指示剂，与氯化氢分子和氨分子反应时的颜色变化，了解气体扩散速度的差异。
注意事项	❶盐酸和氨水分别为强酸和碱性物质，使用时请注意不要直接吸入气体或碰到皮肤，以免危险。 ❷为了获得更准确的结果，进行实验时，请滴入等量的BTB指示剂。 ❸滴入盐酸和氨水后，请立即盖上盖子，以免气体散失在空气中。

实验方法

❶ 除了96孔盘一条对角线两端的凹槽外，在其他94个凹槽内各滴入BTB指示剂3滴。

❷ 在剩余的两个凹槽中，一个滴入3滴盐酸，同时另一个则滴入3滴氨水。

❸ 盖上盖子，静待10～20分钟后，再观察颜色的变化。

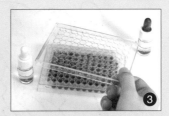

实验结果

接近盐酸的凹槽内溶液变成了黄色，接近氨水的凹槽内溶液变成了蓝色，而中间部分凹槽内溶液则显现绿色。此外，变成蓝色的凹槽远多于变成黄色的凹槽。

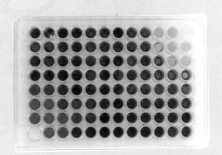

这是什么原理呢？

　　1831年，苏格兰的化学家格雷厄姆提出气体的分子量与扩散速度的关系，这就是格雷厄姆定律。其主要内容为，同温同压下，气体的扩散速度与其密度的平方根成反比。

　　根据此定律得知：气体的分子量越小，其扩散速度越快。如上述实验，变成蓝色的BTB指示剂之所以会比较多，是因为相比于氯化氢，氨的分子量比较小，运动速度比较快，因而扩散更加快速。

第六部

空气的力量

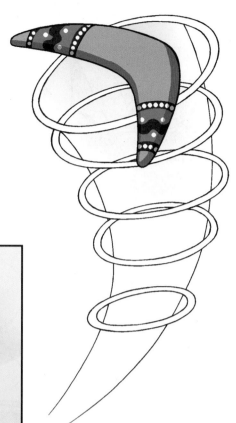

小宇好像还没有来！听说这段时间他在做特别的训练呢！

我也听说了。

呃？

嗯？

士元，你要去哪儿？

练习室。

很好，唯有练习才会进步！明天就要比第二场了，要好好把握每一分每一秒才行。

你们两个也赶快过去吧！

是！

是！

士元，等等我！

实验社，加油！

小宇说不定也在练习室呢！

是吗？

嗯？

砰 砰 砰 砰

嗯？

天啊！

嗖 嗖

哎呀，这是什么东西！

嗖 嗖 嗖

呃……改变方向了！

什么嘛，这种瞧不起人的眼神！

没关系，我也不知道。

你真的了解吗？

应该是一知半解吧！

可恶！

了解！我了解！我完全了解！

给我听好！

机翼呈平面的飞机，升空后随即就会掉落在地面上。那是因为通过机翼上方和下方的空气流速相同的缘故！

但是！机翼上半部呈拱起的形状时，通过机翼上方和下方的空气流速会变得不同！

嗖嗖嗖

空气

呈平面的机翼

嗖嗖

空气

呈凸面的机翼

速度不同，为什么？

那是因为……

举例来说，你和我约好要同时抵达那棵树下。

假设你是用走直线方式抵达，而我则需要绕道才能抵达，

谁要跑得比较快呢？

这个嘛……

179

180

啊，我知道了！

高气压　低气压

空气是由高气压移往低气压！

不愧是心怡！

机翼下方气压较高的空气移往机翼上方的气压较低处，进而生成垂直向上的力。这就是飞机或回力棒升空的原因，

低气压

高气压

升力

升力！

除此之外，回力棒也会受到各种空气的力……

啊？那是什么？

等我学会了再告诉你。

嘿……

那你还得意什么？

哼

不过，如今回力棒实验已经成功了，

赶快出来！不然我要先走啰！

知道了，知道了。

昨天你不是挺得意的吗？想到要比赛就变得很紧张啊！哦，好臭！

就是说嘛！

我发现每次在比赛前……

心脏就会变得如此虚弱！

不是心脏，是肠子。

185

妈呀！

啊，怎么会这么舒服呢？

我……我好像太激动了！就算他拿下去年的冠军，那又怎样？

我们要理性一点，哈哈哈！

臭家伙，还好意思叫大家理性？

别担心，现在的情况已经今非昔比。

根据我最新的情报，

田在远已经转去别的学校了！

聪明。

呃？嗯。

嗯？那他为什么会进那间休息室？

应该是去替朋友们加油吧！

反正现在的大田小学

咔咔咔咔

哼

王

是一只掉了牙的老虎。

哼！

即便如此，我们也不能掉以轻心。因为获胜并非一个人的功劳。

啪……

你可别忘了，我还有爪子呦！

王

目瞪

口呆

这我也懂，好吗？但也没必要因此而感到惊慌嘛！

我看现在感到惊慌的人只有你吧！

我就是怕你们会这样，所以才没有告诉你们。

咔啦

天啊！这是什么气味啊？

如果我事先告诉你们，你们就可能先做好心理准备了，对不对！

黎明小学，请准备出场！

转身

好，我们出场吧！

呃……

焦虑

是！

小宇，你还记得我说过空气中有哪些物质吗？

啊……

您说过有氮气和氧气，还有二氧化碳等物质。

嗯？原来还有这种物质？

紧张

190

大田小学，
大田小学……

郁闷

我快要被吵死了……

别忘了，无论
处在何种情况，

我们都要表现出
最棒的实验。

没错！

嗯！

点头

因为我们
也是这里的
主角！

包围地球的空气

　　包围在地球周围的气体层叫大气层。空气离地表越远，受地心引力的影响越小，密度也越小。根据温度、运动状况和密度，大气自下而上可以划分为对流层、平流层和高层大气。

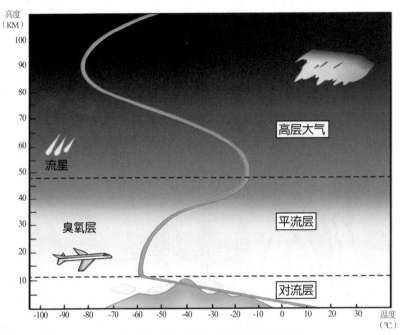

高度与大气温度变化之间的关系

对流层

　　对流层是地球大气层中最接近地面的一层，几乎所有云、雾、雨、雪等天气现象都在这个区域形成，是气象学主要研究的气层。其厚度为8~17千米，是对流（热空气上升，冷空气下降）最旺盛的区域。大气中的水蒸气约有80%存在于对流层，越接近地面则水蒸气含量越高。大气吸收阳光的效率不高，而且大气放出的辐射比吸收的还多，因此层内气温随高度的增加而下降，每上升1千米温度约下降6℃。

台风卫星航拍图
台风为携带暴风雨的热带气旋，是最具代表性的对流现象之一。

平流层

大气层的第二层称为平流层，层顶高度离海平面约50千米。平流层的下半层12～20千米的范围内，气温维持不变，称为同温层，这个范围内空气特别稳定，不易产生对流，适合飞机飞行。在离地面20～50千米之间，气温则随高度增加而缓慢上升，这是因为在太阳紫外线的作用下，空气中的氧变为臭氧，而臭氧又可隔绝紫外线。臭氧浓度最高的一层是臭氧层，距地面20～25千米，臭氧层可吸收阳光中有害的紫外线，让陆地与水生系统中的生命得以生存。

高层大气

平流层以上的大气统称高层大气。在80～120千米的高空，多数来自太空的流星体会在这一层燃烧，成为我们在夜晚看到的流星。

在80～500千米的高空，有若干电离层。电离层大气在太阳紫外线和宇宙射线的作用下，处于高度电离状态，能反射无线电波，对无线电通信有重要作用。电离层也是产生极光现象的区域。

在2000～3000千米的高空，大气的密度已经与星际空间的大气密度非常接近。

©Shutterstock

北极的极光
由太阳发出的高速带电粒子进入极地附近，激发高空大气中的原子和分子而引起。

威胁地球的大气污染

　　大气是由氮（约占78%）、氧（约占21%），以及其他气体（如氩、氦等）所组成。大气的成分也会因污染物质而起变化，当动植物的生态受到这类变化的影响时，我们称其为"生态失衡"。自18世纪产业革命之后，世界各地接二连三发生大气污染引发的大规模灾害，促使人类开始重视大气污染对地球环境的威胁，并促成世界各国开始制定相关法令与环境标准。

烟雾

　　1952年在伦敦夺走了数万生命的烟雾事件，就是烟雾造成的重大环境灾害事件之一。烟雾（smog）是由"烟（smoke）"和"雾（fog）"结合而成的单词，是指物质燃烧后产生的有害化学物质形成的雾状物。烟雾主要产生在都市或工厂等废气排放严重的地区，不仅造成空气污染，同时也会严重危害人体健康。人类一旦暴露在烟雾下，除了会引发视觉、呼吸及消化方面的障碍外，甚至还会引起中毒及心肌梗死等症状。

©Shutterstock

洛杉矶的光化学烟雾
主要发生在车辆多且人口密集的大城市，会对人类的眼睛或植物带来极大的伤害。

臭氧浓度警告机制

位于平流层的臭氧层虽然可过滤阳光中大部分有害的紫外线，以此保护地球上的生命体，然而，臭氧也会阻挠植物进行光合作用，以致对农作物造成伤害，同时，近地面高浓度的臭氧会刺激和损害眼睛。对流层中的臭氧主要是汽车所排放的氮氧化物经光化学反应而形成的，其浓度在阳光强烈的夏天达到最高。

臭氧浓度过高时，儿童或老年人应尽量避免户外活动，同时也应减少使用会产生氮氧化物的物品，如定型喷雾剂、吹风机等；此外，应搭乘公共交通工具，以降低臭氧的产生。

臭氧浓度警告机制	臭氧浓度（每小时）	受害症状
臭氧注意警告	0.12ppm以上	闻到恶臭、刺激眼睛和鼻子、刺激呼吸系统、头痛
臭氧警告	0.3ppm以上	呼吸困难、胸闷、视力减退
臭氧过高警告	0.5ppm以上	肺功能下降、诱发气喘、支气管炎

臭氧浓度警告机制的准则

全球气候变暖

全球气候变暖，是指地表的温度上升到平均值以上的现象。造成地球暖化的原因，最大的元凶就是大家熟悉的二氧化碳。原本地球的大气层所含的二氧化碳保持着一定的量，但现在的二氧化碳含量过多，使得地表的红外线被二氧化碳吸收而无法回到太空中，促使地球的温度不断攀升。19世纪的工业革命虽然带给人类相当便利的生活，却因发展工业而排放过量的二氧化碳。如果全球气候变暖持续恶化，土地将被海水淹没，部分地区会粮食短缺，还可能有将近一半的物种完全灭绝，人类也可能面临前所未有的浩劫。

巴塔哥尼亚的冰河碎片
受到地球暖化的影响，该冰河以前所未有的速度融化。

图书在版编目（CIP）数据

压力与体积/韩国小熊工作室著;(韩)弘钟贤绘;徐月珠译. 一南昌:二十一世纪出版社集团,
2018.11(2024.4重印)

（我的第一本科学漫画书. 科学实验王：升级版；12）

ISBN 978-7-5568-3828-8

Ⅰ.①压… Ⅱ.①韩… ②弘… ③徐… Ⅲ.①压力－少儿读物 ②体积－少儿读物
Ⅳ.①O3-49②O123.3-49

中国版本图书馆CIP数据核字(2018)第234069号

내일은 실험왕 12 : 공기의 대결

Text Copyright © 2009 by Gomdori co.

Illustrations Copyright © 2009 by Hong Jong-Hyun

Simplified Chinese translation Copyright 2010 by 21st Century Publishing House.

Simplified Chinese translation rights is arranged with Mirae N Culture Group CO.,LTD.

through DAEHAN CHINA CULTURE DEVELOPMENT CO.,LTD.

All rights reserved

版权合同登记号：14-2010-410

我的第一本科学漫画书

科学实验王升级版⓬压力与体积 [韩] 小熊工作室/著　[韩] 弘钟贤/绘　徐月珠/译

责任编辑	周　游
特约编辑	任　凭
排版制作	北京索彼文化传播中心
出版发行	二十一世纪出版社集团（江西省南昌市子安路75号　330025） www.21cccc.com cc21@163.net
出 版 人	刘凯军
经　销	全国各地书店
印　刷	南昌市印刷十二厂有限公司
版　次	2018年11月第1版
印　次	2024年4月第9次印刷
印　数	65001～70000册
开　本	787 mm × 1060 mm 1/16
印　张	12.5
书　号	ISBN 978-7-5568-3828-8
定　价	35.00元

赣版权登字-04-2018-410

购买本社图书，如有问题请联系我们：扫描封底二维码进入官方服务号。服务电话：010-64462163（工作时间可拨打）；服务邮箱：21sjcbs@21cccc.com。